Mi nombre es STARDUST

AF887833

por Bailey y Douglas Harris
ilustrado por Natalie Malan

prólogo de Richard Dawkins

Copyright © 2022, 2020 by Label Free Publishing, LLC. All Rights Reserved.

First published 2020; updated edition 2022.

This publication may not be reproduced or
transmitted in any form without express permission.
Published by Label Free Publishing, LLC. Printed in the U.S.A.

LABEL FREE
PUBLISHING

Book Design by yipjar.com

Prólogo de Richard Dawkins

Los editores de libros infantiles hacen todo lo posible para adivinar qué les gusta leer a los niños. Pero los mejores jueces posibles seguramente serían los propios niños. Y cuando un libro es escrito por un niño muy inteligente, ¿no es lo mejor de todo? Bailey Harris comenzó a trabajar en este libro cuando tenía ocho años, alrededor de la edad de su público objetivo. Ahora con catorce años de edad, me ha invitado a presentar la segunda edición y estoy encantado de hacerlo.

Bailey fue la presentadora más joven en la CSICON (Conferencia del Comité de Investigación Escéptica) de 2019 en Las Vegas, y fue, como todos estuvieron de acuerdo, una estrella. Ella también es polvo de estrellas, y nosotros también.

"¡Hola a todos! Mi nombre es Stardust y este es mi hermano pequeño, Vincent". ¿Alguna vez un libro tuvo un comienzo más encantador? En realidad, es el comienzo de otro de los libros Stardust de Bailey, pero el encanto se extiende por igual en todos ellos. Este tiene a Tiktaalik de 375 millones de años de edad, uno de mis animales favoritos. También tiene otro de mis animales favoritos, Lucy, que vivió hace 3 millones de años. Algunos dirían que Lucy no era un animal, sino una persona. Otros, incluyéndome a mí, dirían que ella era ambas cosas, porque nosotros también somos animales: somos simios africanos, primos más cercanos de los chimpancés que los chimpancés de los gorilas. Puede que Tiktaalik no sea nuestro antepasado directo, pero era más o menos como nuestro tropecientos-tátaras-tatarabuelo, el primer pez que se arrastró sobre la tierra. Nuestra cientos-de-miles-de-tátaras-tatarabuela podría haber conocido a Lucy, por lo que es emocionante para nosotros conocerla en el libro de Bailey y verla en una de las hermosas ilustraciones de Natalie Malan.

Somos polvo de estrellas: tú y yo, Lucy y Tiktaalik,
los dinosaurios, la bacteria y las secuoyas.

Deja que Stardust Bailey te lo cuente todo.

¡Hola a todos!
Me llamo Stardust.
¡Mi nombre significa
"polvo de estrellas"!
Encantada de
conocerlos.

¿Sabes de qué está hecha la Tierra?
¿Sabes de qué estás hecho TÚ?
Pues, si no, ¡hoy es tu día de suerte!

A lo largo de la historia de nuestro universo, innumerables miles de millones de estrellas se han formado y estallado, dejando pequeñitas motas de polvo por todo el espacio.

Hace unos 4.600 millones de años,
el polvo de algunas de esas estrellas estalladas
se unió para formar nuestro sistema solar.

¡Nuestro sistema solar está hecho de polvo de estrellas!

Hay más de cien mil millones de galaxias en nuestro universo. ¡Y hay miles de millones de estrellas en cada galaxia!

Hay más estrellas en nuestro universo que granos de arena en la tierra. Nuestro Sol es uno de esos miles de millones de estrellas.

¡Nuestro Sol está hecho de polvo de estrellas!

Hay ocho planetas en nuestro sistema solar. Los cuatro planetas interiores son Mercurio, Venus, la Tierra y Marte.

Los planetas exteriores se llaman gigantes gaseosos.
Son Júpiter, Saturno, Urano y Neptuno.

¡Los planetas están hechos de polvo de estrellas!

La Tierra se ve como una bolita azul cuando
se mira desde lejos en el espacio exterior.
Es tan hermoso.

¡La Tierra está hecha de polvo de estrellas!

Millones de años después de que la Tierra se formó, apareció la vida, comenzando con organismos simples unicelulares.

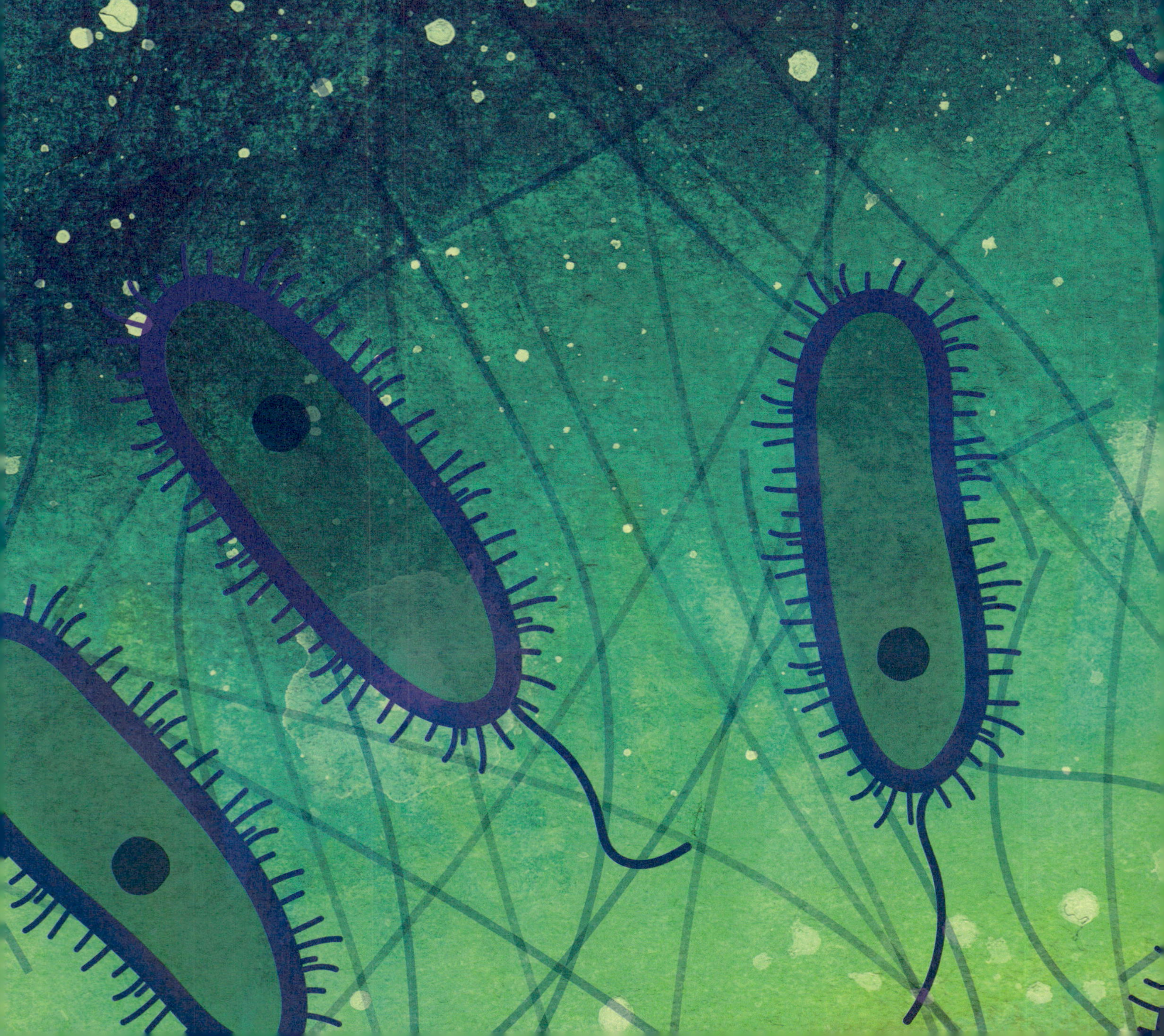

Esos organismos eventualmente evolucionaron en todas las plantas y animales que vemos hoy en día.

¡Esos ancestros unicelulares estaban hechos de polvo de etrellas!

Tiktaalik es una de mis criaturas prehistóricas favoritas.
Tiktaalik vivió hace unos 375 millones de años.

Tiktaalik era un pez con escamas
y branquias, pero también tenía
huesos de muñeca, costillas y cuello.

Tiktaalik podía levantar su cuerpo fuera del agua poco profunda. Los fósiles como Tiktaalik nos muestran cómo los peces evolucionaron en animales que caminan por la tierra, como los cocodrilos.

¡Tiktaalik estaba hecho de polvo de estrellas!

Los dinosaurios vivieron en la Tierra hace millones de años. Mi dinosaurio favorito es el Brachiosaurus.

Brachiosaurus era tan alto que podía comer las hojas de la copa de árboles muy altos.

Se veía un poco extraño porque sus patas delanteras eran más largas que sus patas traseras, pero esa es una de las razones por las que es mi favorito.

¡Brachiosaurus medía
25 metros de largo y
pesaba 40 toneladas
(eso es más pesado
que cinco elefantes)!

¡Brachiosaurus estaba hecho de MUCHO polvo de estrellas!

Hace unos 65 millones de años, poco después de que los dinosaurios se extinguieron, vivía un mamífero llamado Purgatorius. Purgatorius era aproximadamente del tamaño de una rata.

Los humanos aún no existían. La mayoría de los mamíferos en esa época eran muy pequeños, como Purgatorius. Esos primeros mamíferos evolucionaron en todos los tipos posteriores de mamíferos, desde murciélagos hasta ballenas y primates como monos y simios.

¡Purgatorius estaba hecho de polvo de estrellas!

Los unicornios vivieron en la Tierra
hace mucho tiempo con duendes y hadas.

Es broma. No hay evidencia de
unicornios, duendes ni hadas.

Pero, si fueran reales, ¡estarían hechos de polvo de estrellas!

Lucy fue uno de los primeros animales simiescos que caminaba erguido como lo hacemos nosotros los humanos ahora.

Ella vivió hace unos 3,2 millones de años en África, donde se encontraron sus huesos fósiles en 1974.

Lucy estaba hecha de polvo de estrellas!

Nací hace nueve años y estoy
creciendo más y más cada año.

Me encanta cantar, bailar y pintar.
¡Yo estoy hecha de polvo de estrellas!

¡Y TU también!

Made in the USA
Monee, IL
05 November 2026

67380130R00019